夢想職業系列

消防員
實習班

新雅文化事業有限公司
www.sunya.com.hk

夢想職業系列

消防員實習班

編　　寫：新雅編輯室
插　　圖：陳焯嘉
責任編輯：劉慧燕
美術設計：李成宇
出　　版：新雅文化事業有限公司
　　　　　香港英皇道 499 號北角工業大廈 18 樓
　　　　　電話：(852) 2138 7998
　　　　　傳真：(852) 2597 4003
　　　　　網址：http://www.sunya.com.hk
　　　　　電郵：marketing@sunya.com.hk
發　　行：香港聯合書刊物流有限公司
　　　　　香港荃灣德士古道 220-248 號荃灣工業中心 16 樓
　　　　　電話：(852) 2150 2100
　　　　　傳真：(852) 2407 3062
　　　　　電郵：info@suplogistics.com.hk
印　　刷：中華商務彩色印刷有限公司
　　　　　香港新界大埔汀麗路 36 號
版　　次：二〇一六年七月初版
　　　　　二〇二四年十一月第九次印刷

ISBN: 978-962-08-6584-8

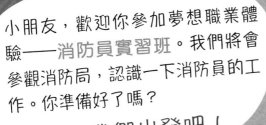

小朋友，歡迎你參加夢想職業體驗——消防員實習班。我們將會參觀消防局，認識一下消防員的工作。你準備好了嗎？

我們出發吧！

目錄

 參觀消防局

消防局裏有哪些設施和工作人員？一起來認識一下吧！

實景消防塔

當值室

消防停車間

消防員

我們消防員在消防局待命時，有時會一起做運動，或清潔消防局，當作體能鍛煉呢！

急救醫療電單車

救護員

娛樂室

飯堂

休息室

救護車

消防車

不同特別隊伍的消防員

消防員一般會在所屬的消防局駐守，遇到火警或救援召喚時，便會出動。不過除了基本的滅火救援技能外，我們還會接受一些專門的訓練，以便參與不同特別隊伍的工作。

我們主要利用安全帶和繩索，配合高空拯救技巧來執行任務。

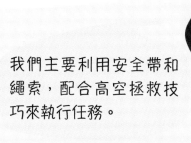

頭盔、高防護性的手套和皮靴是我們出動搜救時的重要裝備。

高空拯救專隊

隸屬特種救援隊。負責高難度的高空拯救任務，包括涉及纜車、機動遊戲、塔式起重機、橋、塔、建築地盤棚架及吊船等的事故。

坍塌搜救專隊

隸屬特種救援隊。負責處理樓宇、橋樑、隧道、山坡、山泥傾瀉等重大坍塌事故的城市搜索及拯救任務。

除了潛水裝備外，我們還會備有水底爆破工具，以便執行任務。

潛水組
負責於香港海域以至其他水底環境，如：池塘、水塘、沉箱、污水渠及沉船等，執行水底搜索及潛水拯救任務。

如果現場環境極為危險，我們會穿上這套能抵擋核輻射塵埃的A級生化保護袍出動。

特別隊伍多以兼任的形式運作，隊員會輪流候命一段時間，在特定的消防局駐守，隨時準備執行任務；平常則會在原來的崗位執行一般職務。

危害物質專隊
負責阻止包括核輻射在內的危害物質擴散和污染，以及處理相關事故的滅火和救援任務。

消防員的 主要工作

消防員兼任的專隊小組種類很多，工作範圍很廣泛呢！我們一起來看看吧！

提供不同的救援服務

- 市民甚至小動物在遇到危險時，消防員都會出動拯救。消防員的救援服務包括以下三類。

1. 山上、水上或水底救援：消防員會借助直升機、船和潛水裝備的輔助來進行拯救。

2. 火場救援：消防員會盡他們所能，拯救被困火場的人。

救命呀！

救命呀！

救命呀！

喵～～～

3. 被困救援：市民遇到水浸、山泥傾瀉或被困升降機內，消防員都會出動救援。

撲滅火災

- 負責迅速處理火警召喚，並有效地執行陸上及海上的滅火工作。

這組消防喉轆有點破損……

檢查樓宇的消防設備

- 定期巡查樓宇，確保消防裝置及設備妥善，逃生通道暢通，並會執行消防安全法例。

宣揚防火安全信息

- 不時舉辦講座、嘉年華等活動，以提高市民的防火安全意識。

消防員工作的地方

消防局

消防員每當值一次便是二十四小時。在不需要出動時，他們都會留在消防局內待命，不過這時他們也有不少事情要做呢！

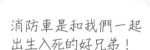

消防車是和我們一起出生入死的好兄弟！

• 清潔消防車和各種裝備。

● 處理有關任務的各種報告。　　　　　　　　● 保持適當的飲食和休息。

不論消防員正在做什麼，只要一接到召喚便會馬上穿上裝備迅速出動！

● 定時操練，或以跑步和打球等方式健身。

小知識

消防員的工作時間

　　因為工作性質不同，所以消防員和警察、海關等其他紀律部隊輪更上班的時間安排也不相同。消防員每更連續上班二十四小時，當值一天，便會放假兩天。由於留在消防局待命的時間長，所以可以有自由活動和休息的時間。

火警現場

遇上火警發生，消防員便會以最快的速度趕到現場滅火救人。

救命呀！

救命呀

當火警被撲滅後，消防員還需要負責根據現場情況，調查起火的原因。

旋轉台鋼梯車是消防員救援時使用的其中一款車輛，備有俗稱「雲梯」的伸縮吊臂，負責協助執行高空的救援行動。

救護車牀經特別設計，讓救護員能以比較輕鬆省力的方式，將傷病者搬運上落救護車。

小知識

認識消防車輛

　　消防員的救援車輛超過三十種，主要就不同的功能來分類，除了旋轉台鋼梯車和泵車外，還有配備整套救援工具及設備的搶救車；便於迅速到達事故現場，處理召喚的消防電單車等。此外，部分消防車還設有小型版本，用以處理較輕微的火警，或駛到狹窄的路面和地區執行任務。

泵車能接駁街井，引水經過車上的消防泵加壓，再噴出滅火。車上有九個倉，存放各種消防救援用具，如呼吸器、擴音器、急救用品等。

消防員進入火場時會戴上頭盔保護頭部，並會配備呼吸器，以便能在缺乏氧氣的火場內呼吸。

13

海上事故現場

如海上有船隻發生火警，或出現沉船事故，消防處便會派出消防和救援船隻到事故現場進行拯救任務。

香港目前有八艘滅火輪負責海上的消防及救援服務，船上配備多座水炮及消防泵等，可直接抽取海水作噴水滅火之用。

救命呀！

RESCUE 救援

潛水支援船負責運送潛水人員及其裝備到事故現場，救護員亦可於船上為傷者急救。

14

山泥傾瀉現場

熱能探測器能讓消防員在滿布煙霧、黑暗及能見度低的情況下，準確找尋傷者位置、火源等。

混凝土切割器馬力強大，能切割混凝土牆或地台等，讓消防員在樓房倒塌、山泥傾瀉等事故現場，可以除去障礙物，拯救生還者。

當發生山泥傾瀉等大型坍塌事故，坍塌搜救專隊便會奉命出動。

搜索犬負責搜索被困於瓦礫或山泥下的生還者，及協助確定現場有否傷者被埋。

和消防員 工作 相關 的 人

救護員

救護員跟消防員一樣隸屬於消防處。以下是我們主要的工作。

1 ……2號救護車出動！

- 當值的救護員接到召喚後，便會迅速登上救護車出動！

2

- 到達事故現場後，先評估傷病者情況，並立即作出適當的急救和護理。

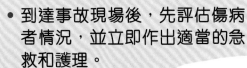

3

- 以最快的速度把傷病者送往醫院接受治療。

4 謝謝你們及時把病人送到醫院！

認識救護車輛

和一般救護車一樣，急救醫療電單車也設有警號和警示燈。

救護車上設有警號和警示燈，以提示其他車輛或路人讓路，加快救援的速度。

香港常見的救護車一般可容納五名乘客和一名臥牀傷病者。

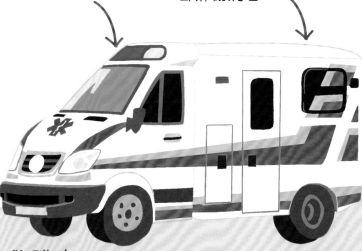

車上備有兩個儲物箱，裏面存放着簡便的搶救工具、心肺復蘇器等救護器材。

救護車

車上備有先進的輔助醫療儀器，以便救護員能為嚴重創傷、人事不省、心臟病等傷病者提供到達醫院前的輔助醫療服務。

急救醫療電單車

因為電單車行駛時較不受交通擠塞的影響，所以能比一般救護車更快到達事故現場，第一時間利用救護設備穩定傷病者的情況。原來香港是第一個發展救護電單車隊的地區呢！

救護車和急救醫療電單車是我們救護員執行任務時的最佳拍檔。

通訊人員

通訊人員屬於香港消防處總部轄下的調派及通訊組。

通訊人員的主要工作是接聽及處理市民、公營機構及 999 緊急熱線轉介的求助電話，並調派合適的資源前往現場。

我們還要負責接收市民關於防火及火警危機的投訴和查詢呢！

每當接到緊急求助電話時⋯⋯

請告訴我你現在的位置。

1 先要確定事發地點、事故類別、傷者、報案人及現場環境資料。

2 把資料輸入電腦調派系統。

3 向有關消防局或救護站發出召換廣播。

4 不斷跟進事件的最新情況，盡力提供協助。

請問現場是否需要增援？

當發生涉及大量死傷者或需較長救援時間的大型事故，如三級或以上火警，消防處便會派出流動指揮車到現場，供調派及通訊組人員使用。

車內設有多個車艙，供無線電通訊、監察事故現場和舉行會議之用。

調派及通訊組人員負責事故現場的資源調派工作，並作為事故現場的主管和通訊中心之間的溝通橋樑。

小知識

認識火警分級制度

香港消防處會根據每宗火警發生的嚴重程度進行評級，以作為調派消防車輛及裝備的準則。火警級別共有六級，一般的火警報告會先列作一級，然後再根據火警發生的地點、撲救成效等來考慮提高火警級別。而第五級之上是最高的災難級，表示災情極為嚴重，消防處可能需動用全部資源去應付。

認識 優 秀 傑 出 的消防員

香港首位女消防區長 ── 胡 麗 芳

胡麗芳作為香港首位女消防區長，是消防隊伍中少有的女性成員。

她小時候體弱多病，為改善自己的體質，在康復後便積極鍛煉身體，並培養出做運動的興趣，除成為香港籃球隊隊員外，更在中學擔任過體育教師。運動使她養成堅毅不放棄的個性，這對於她日後的消防員工作非常重要。

1993年，香港消防處首次招募女性消防員。胡麗芳抱着挑戰自我的心，報名投考，並成為當年獲取錄的兩名女消防隊長之一。

香港五大紀律部隊中，只有消防處在體能要求上是男女平等的。無論是男性還是女性，成為消防員及訓練的要求都一樣。

胡麗芳憑着自己的努力，克服男女先天體能上的差異，完成訓練，並成為一位出色的滅火英雌。

延伸知識

認識消防安全教育巴士

　　消防安全教育巴士是一輛屬於香港消防處的雙層巴士，主要用作教育及示範用途，旨在提高市民的消防安全知識和防火意識。

　　巴士自 2011 年啟用後，一直在全香港各地區的大型商場、中小學及屋邨等地方作巡迴宣傳。

消防安全教育巴士

消防處還會舉辦嘉年華會、消防局開放日等，向市民宣揚消防安全的信息。

巴士上層
設計成一所住宅單位，以煙霧、激光等效果模擬發生火警時的情況，讓參觀者學習安全逃生的技巧。

巴士下層
設有多媒體視像系統和觸控式電腦等，讓參觀者以互動方式，掌握防火相關的知識。

認識消防及救護學院

消防及救護學院位於香港將軍澳百勝角，於 2016 年初啟用，是香港消防處為消防員及救護員提供培訓的重要場地。

學院設有多項不同場景和不同種類事故的模擬設施，為學員提供多元化的救援訓練。此外，還設有消防及救護教育中心暨博物館，為市民提供消防安全及救護常識教育。

這裏的消防及救護訓練設施非常先進和完善，一起來看看吧！

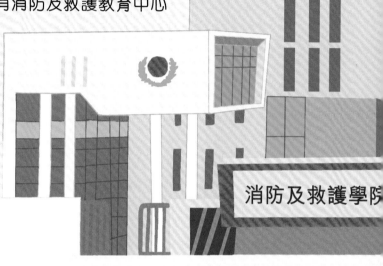

消防及救護學院

模擬事故訓練場

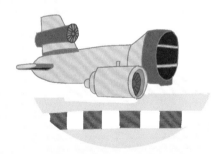

- 這裏設有模擬飛機失事、樓宇倒塌等事故的訓練場，供學員作救援訓練之用。

駕駛訓練中心

- 學院內有駕駛訓練中心及不同型號的消防車、救護車等，供學員學習駕駛和操作車上設備。

救護訓練區

- 學院設有救護訓練區，內有模擬救護車廂、急症室等，讓救護學員能學習由接到召喚直到把傷病者送院的整個過程。

救援訓練樓

這是一座十層高的建築物，於不同樓層及外牆模擬不同類型樓宇的設計，如：公共屋邨、商場等，讓學員作不同訓練。

操練塔

消防員要保持良好的體能，才能應付艱巨的救援工作。因滅火任務時常需要爬樓梯，操練塔特別為學員鍛鍊體能而設，供學員日常作跑樓梯等訓練。

滅火訓練樓

訓練樓模擬不同場景，包括：唐樓分間單位、酒店、卡拉OK 場所等，並能營造逼真的實火、高溫、煙霧等，供學員在模擬實火環境下進行訓練。

學院內還設有這三棟建築物，供消防學員訓練之用。

如何成為一位消防員？

消防員的工作真有意義，我要怎樣才能成為一位消防員呢？

小朋友，首先你要看看自己是否具備以下的特質啊。

有團隊合作精神

重視紀律

有強健體魄

頭腦冷靜

具使命感

此外，你還要經過努力學習，才能投考成為消防員呢！

成為消防員之路

投考消防員

- 完成小學及中學課程。

- 取得文憑試五科合格學歷，並達到語文要求。

良好的視力是成為消防員的必須條件！

投考消防隊長

- 取得大學學位、副學士學位、高級文憑，或取得文憑試五科第三等級學歷，並達到語文要求。

- 通過視力測試、體能測驗、模擬實際工作測驗、能力傾向筆試及其他筆試和面試，並通過個人資料審查及驗身，才能獲消防處取錄。

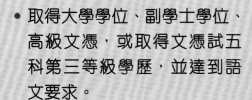

- 受聘者需在消防訓練學校接受為期二十六周的基礎訓練，內容包括基本滅火技巧、消防車輛及裝備的應用、體能訓練、消防條例等。

- 考核合格後便會被派駐消防局工作。通過三年的試用期後，便能正式成為真正的消防員了。

25

小挑戰

不同特別隊伍的消防員負責執行不同的救援任務。你知道下面這幾個情況應該由哪個特別隊伍的消防員出動救援嗎？請把不同的事故現場和相應的消防員用線連起來。

1.

2.

3.

A.

坍塌搜救專隊

B.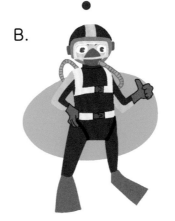

潛水組

C.

高空拯救專隊

答案：1.C 2.A 3.B

提高市民的防火安全意識是消防員的重要職責之一。看看下面的圖畫,哪些情況容易造成火警或逃生危險?請在 ☐ 內加 **✗**。

1.

這樓梯的雜物真多!

☐

2.

怎麼防煙門被鎖住了?

☐

3.

家裏不要儲存太多紙張等易燃物品啊。

☐

4.

☐